BEI GRIN MACHT SICH IHR WISSEN BEZAHLT

- Wir veröffentlichen Ihre Hausarbeit,
  Bachelor- und Masterarbeit

- Ihr eigenes eBook und Buch -
  weltweit in allen wichtigen Shops

- Verdienen Sie an jedem Verkauf

Jetzt bei www.GRIN.com hochladen
und kostenlos publizieren

Ina Schebler

Auswirkungen der aktuellen klimatischen Veränderungen auf tropische Korallenriffe

GRIN Verlag

Bibliografische Information der Deutschen Nationalbibliothek:

Die Deutsche Bibliothek verzeichnet diese Publikation in der Deutschen National-
bibliografie; detaillierte bibliografische Daten sind im Internet über http://dnb.d-
nb.de/ abrufbar.

Impressum:

Copyright © 2011 GRIN Verlag GmbH
Druck und Bindung: Books on Demand GmbH, Norderstedt Germany
ISBN: 978-3-656-37275-2

Johann-Philipp-von-Schönborn-Gymnasium

Sprachliches Gymnasium – Humanistisches Gymnasium – Ganztagsgymnasium

SEMINARARBEIT

Rahmenthema des Wissenschaftspropädeutischen Seminars:

Klimawandel

Leitfach: *Geographie*

Abiturjahrgang 2010/2012

Titel der Arbeit:

Auswirkungen der aktuellen klimatischen Veränderungen auf Prozesse im Meer und damit auf tropische Korallenriffe

Verfasser/in:
Ina Schebler

Abgabetermin: *8. November 2011*

Inhaltsverzeichnis

1. Eintauchen in die Welt des Korallenriffs

Das Wasser ist glasklar und angenehm warm. Eine bunte Landschaft erstreckt sich am Meeresgrund. Korallen in allen Farben türmen sich übereinander. Jede einzelne unterscheidet sich in Farbe und Form von ihren Nachbarn. Neben einem verzweigten schwarzweißen Federstern wächst eine gewundene Hirnkoralle. Darüber erheben sich Elchhornkorallen und ein gelber Röhrenschwamm. Die rosa, blau und violett leuchtenden Tentakeln einer Riesenanemone wiegen sanft auf und ab. Plötzlich fällt ein Schatten auf ein kleines Seepferdchen, als eine Suppenschildkröte gemütlich vorbeischwebt. Ein Papageienfisch knabbert ein Stück von der Steinkoralle ab, doch davon lassen sich die gestreiften Fledermausfische nicht stören. Aus einem schmalen Spalt ragen lange, dünne Beine und Fühler hervor, die einigen Langusten gehören. Nachdem zwei weiß gepunktete Adlerrochen lautlos vorbeigezogen sind, tanzen auch die Sonnenflecken wieder über diesen Quadratmeter Paradies.

„Keine andere marine Umgebung bietet eine vergleichbare Komplexität der Wechselwirkungen zwischen den Organismen oder auch eine vergleichbare Vielfalt der Größen, Formen und Farben. Das einzige vergleichbare Biotop an Land ist der tropische Regenwald."[1] Nirgends sonst in den Ozeanen ist der Artenreichtum so groß wie im Ökosystem Korallenriff. Die Rate der Primärproduktion ist eine der höchsten innerhalb aller natürlichen Ökosysteme.[2]

„Alle Wohnstätten und ökologischen Nischen werden im Ökosystem Korallenriff optimal genutzt"[3] und durch die Vielseitigkeit des Lebens konnte sich ein natürliches Gleichgewicht und ausgewogenes Verhältnis zwischen den Arten und Beständen einpendeln. Solange es in der Balance bleibt, kann es über Jahrtausende oder sogar Jahrmillionen bestehen. Doch durch die Komplexität der Lebensgemeinschaft ist es anfällig für Störungen von außen.[4]

Da in den letzten Jahren weltweit Korallensterben in beunruhigender Häufigkeit und Intensität auftraten, warnen Wissenschaftler, dass tropische Korallenriffe in Gefahr sind. Mitverantwortlich dafür soll der Klimawandel sein, allerdings ist umstritten, welche Rolle dieser genau spielt.

Die Beeinflussung der Korallen durch das Klima wird von der Tatsache bestätigt, dass die Tiere als „Klimaaufzeichner" gelten. Denn das Verhältnis der verschiedenen Sauerstoffisotope, die im Kalkskelett gespeichert sind, und die Form, in der das Riff gewachsen ist, werden von Klimaforschern genutzt, um Rückschlüsse auf die Temperaturen vergangener Zeitalter zu ziehen.[5] Auch die aktuelle Klimaänderung zieht nicht spurlos an den Korallen vorbei. Auf den folgenden Seiten wird ein Überblick über die Auswirkungen der aktuellen klimatischen Veränderungen auf Prozesse im Meer und damit auf tropische Korallenriffe gegeben.

1	Loya, Y. , R. Klein: S.19
2	Loya, Y. , R. Klein: S.19, 162
3	o. Verf.: Zauberreich der Ozeane, S. 194
4	o. Verf.: Zauberreich der Ozeane, S. 170, 216
5	Loya, Y. , R. Klein: S.100, 286

2. Korallenriffe und deren Grundgerüst, die Steinkorallen

Die zuvor beschriebenen Zauberwelten findet man nur in den Tropen und Subtropen, grob durch die 25. Breitengrade begrenzt. 92% der Riffe liegen im Indo-Pazifik und die restlichen 8% in der Karibik. Obwohl nur 0,1% der Ozeane von Korallenriffen bedeckt sind, lebt doch ein Drittel aller bekannten Arten der Meere in ihnen. Es gibt mehr als 4000 in Korallenriffen vorkommende Fischarten, etwa 1200 verschiedene Stachelhäuter und jeweils über 2000 Muschelarten und Schwämme. Fast alle Tierstämme sind vertreten und alle dort lebenden Arten zusammen ergeben wohl eine Zahl im Millionenbereich, wenn bisher auch erst 100 000 taxonomisch beschrieben sind.[6][7]

Die Struktur der Lebensgemeinschaft wird durch vielfältige Faktoren beeinflusst. Die biotischen Faktoren sind Beziehungen unter den Riffbewohnern wie Wettbewerb und Verfolgung, Krankheit oder Symbiose. Abiotische hingegen sind weitaus vielfältiger und beinhalten Salinität, Sonneneinstrahlung, Temperatur, Wasserbewegung (wie Wellen- und Gezeitenbewegung oder Strömungen), Sedimentationsrate und Nährstoffangebot, sowie weitere örtliche Begebenheiten wie zum Beispiel die Beschaffenheit oder Tiefe des Meeresgrundes.[8]

Das Grundgerüst der Riffe wird von sogenannten Riffbildnern erbaut. Es sind über 835 Arten von riffbildenden (*hermatypischen*) Korallen beschrieben, von denen Steinkorallen die wichtigsten sind. Systematisch gehören diese Wirbellosen zum Stamm der Nesseltiere (*Cnidaria*) und zur Klasse der Blumentiere (*Anthozoa*), zu denen neben den sechsstrahligen Korallen (*Hexacorallia*) auch die wenig zum Riffbau beitragenden achtstrahligen (*Octocorallia*) zählen (vgl. Grafik 1).[9][10]

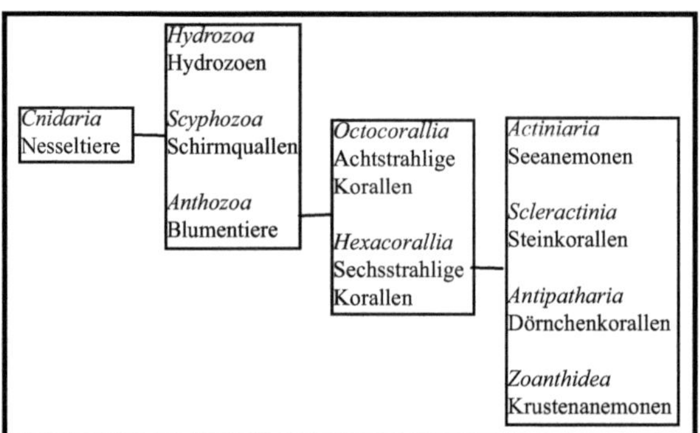

Grafik 1: Systematik der Steinkorallen[11]

6   Tardent, P.: S. 149
7   Richter, C. , I. Wunsch (o.J.): Ökosystem Korallenriff –versunkener Schatz: S. 245f.
8   Loya, Y. , R. Klein: S. 22
9   o. Verf.: Klimawandel und marine Ökosysteme. Meeresschutz ist Klimaschutz: S. 10
10   Loya, Y. , R. Klein: S. 307
11   von Schebler, I. verändert nach Loya, Y. , R. Klein: S. 307

Die körperliche Grundeinheit wird von einem oder mehreren untereinander verbundenen Polypen (*Kolonie*) gebildet, die in einigen Fällen beträchtliche Größen erreichen können. Mithilfe der an den Tentakeln (vgl. Abb.1, Nr. 1) sitzenden Nesselzellen (vgl. Abb.1, Nr. 2) fangen die sessilen (lat. *festsitzend*) Räuber nachts Zooplankton aus dem vorbeifließenden Wasser. Denn dann steigt dieses aus tieferen Wasserschichten auf und die sonst eingezogenen Tentakeln werden in die Strömung gestreckt. Da Riffe aber nur in nährstoff- und folglich planktonarmen Regionen vorkommen, reicht die Jagd zum Energiegewinn nicht aus. Deshalb nutzen Riffkorallen, wie die meisten hermatypischen Korallen, durch die Symbiose mit Zooxanthellen (*Symbiodinium microadriaticum*) (vgl. Abb.1, Nr. 3) eine zusätzliche Möglichkeit des Energieerwerbs. Das Gesamtgewicht der einzelligen Algen kann das des Wirtes bei Weitem übertreffen. In einem Quadratzentimeter Gewebe der Himbeerkoralle zum Beispiel befinden sich bis zu einer Million der einzelligen Algen.[12][13][14]

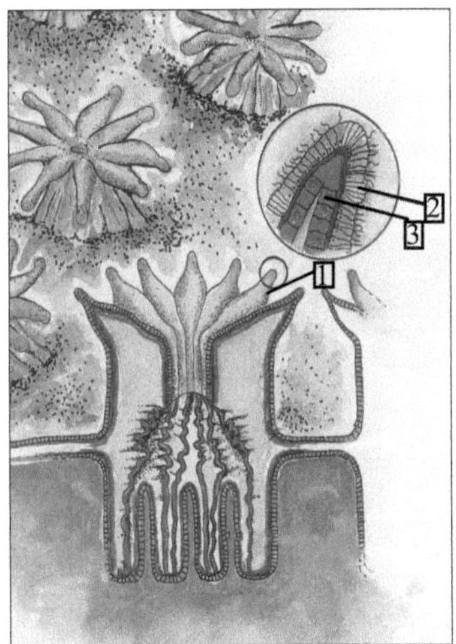

Abb.1: Querschnitt durch einen Polypen[17]

Die im Gewebe des Polyps eingelagerten Zooxanthellen betreiben Photosynthese und geben über 95% der dabei gebundenen Kohlenstoffe an die Koralle ab. „Wenn die Koralle große Mengen Schleim absondert oder Geschlechtsprodukte in großer Zahl produziert, ist der Verlust an Kohlenstoff größer als die Menge, die aus dem Meerwasser [in Form von Bicarbonat] wieder aufgenommen werden kann. Deshalb macht die Koralle vom Kohlenstoff Gebrauch, den die symbiontischen Algen [...] liefern."[15] Teilweise haben Arten sogar die Fähigkeit verloren alleine von der Jagt überleben zu können.[16] Die Korallenpolypen bauen ein Kalkskelett, das sie schützt und gleichzeitig das Grundgerüst der Korallenriffe darstellt. Dieses wird gebildet, indem gelöste Calciumionen (Ca^{2+}) und Bicarbonat (HCO_3^-) (vgl. Kapitel 3.1.1) unter Bildung eines Wasser- und eines Kohlendioxid-Moleküls, zu festem Calciumcarbonat ($CaCO_3$) gebunden werden.

$$Ca^{2+} + 2\,HCO_3^- \longrightarrow CaCO_3 + H_2O + CO_2$$

Allerdings würde sich das Calciumcarbonat wieder auflösen, wenn das entstandene Kohlenstoffdioxid (CO_2) nicht entfernt würde. „Die Entfernung des Kohlenstoffdioxids durch das

---

12   Loya, Y. , R. Klein: S. 60, 68, 213

13   Schuhmacher, H.: S. 128

14   Tardent, P.: S. 150

15   Loya, Y. , R. Klein: S. 68

16   Loya, Y. , R. Klein: S. 158

17   von Schebler, I. verändert nach Loya, Y. , R. Klein: S. 60

Gewebe der Koralle geht langsam vonstatten und wird durch das Kohlendioxid, das die Koralle bei der eigenen Atmung produziert, noch behindert."[18] Nach Goreaus Hypothese nutzen die Zooxanthellen dieses Co_2 zur Photosynthese und beschleunigen so den Skelettaufbau. Bestätigt ist zwar, dass die Kalksynthese durch die Zooxanthellen um ein Zwei- bis Dreifaches beschleunigt wird, doch wie genau diese dem Polypen helfen, ist umstritten.[19][20]

Die Steinkorallen sind deshalb für die Riffgemeinschaft so wichtig, weil sie zum einerseits einen Untergrund bilden, auf dem sich andere Lebewesen ansiedeln (z.B. Seeanemonen, vgl. Abb. 2) oder bewegen (z.B. Seeigel, vgl. Abb.15, S. 21) können, andererseits bieten sie Schutz. Größere Tiere können sich in Höhlen (z.B. Muränen, vgl. Abb. 3) verstecken und kleinere zwischen den Korallenzweigen (z.B. Fahnenbarsche, vgl. Abb. 4). Außerdem stellen die Korallen für sogenannte Corallivoren die Nahrungsgrundlage dar (z.B. Papageienfische, vgl. Abb.13, S. 21).[21]

| Abb. 2: Die Anemone wächst auf Steinkorallen[22] | Abb. 3: Die Netzmuräne bewohnt eine Höhle im Riff[23] | Abb. 4: Die Fahnenbarsche verstecken sich zwischen den Ästen der Geweihkoralle[24] |

Jeder Riffbewohner ist von anderen abhängig und so ergibt sich im Ökosystem Korallenriff ein komplexes Netz aus Wechselwirkungen, für das es weitreichende Folgen hat, wenn ein Teil entfernt, hinzugefügt oder verändert wird.

---

18   Loya, Y. , R. Klein: S. 68
19   Loya, Y. , R. Klein: S. 68
20   Tardent, P.: S.151
21   Schuhmacher, H.: S. 242
22   Krines, A. (1990)
23   Krines, A. (1990)
24   Krines, A. (1990)

3. Der Klimawandel und wie er das Meer und seine Bewohner beeinflusst

70,6% der Erdoberfläche sind von Ozeanen bedeckt. Das sind 361 Millionen km^2, in denen 1300 Millionen km^3 Wasser gespeichert ist, was einen Anteil von 97,21% am gesamten auf der Erde vorhandenen Wasser darstellt.[25]

Das System Meer besteht aus Wechselwirkungen zwischen chemischen, physikalischen und biologischen Faktoren. Dadurch, dass sie alle untereinander zusammenhängen, reagieren sie sensibel auf Veränderungen (vgl. Grafik 1). Wird ein Teil verändert, stößt das eine Kettenreaktion an und wirkt sich so auf viele Bereiche des Lebensraums aus.

Eine Klimaänderung ist ein solcher Auslöser. Wie sie das Ökosystem Meer und damit auch die Korallen beeinflussen kann, wird im Folgenden erläutert.

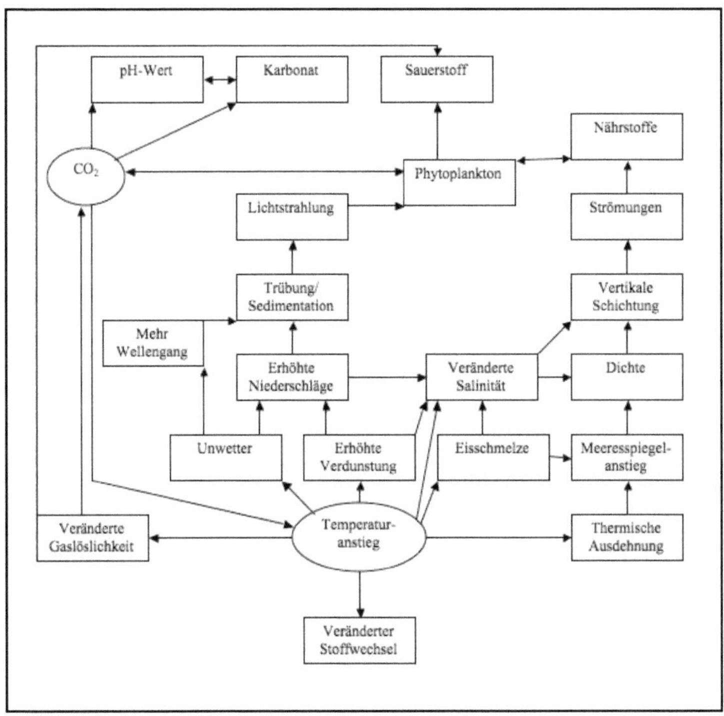

Grafik 1: Vereinfachte Darstellung der Zusammenhänge zwischen verschiedenen Faktoren, die das Ökosystem Meer beeinflussen[26]

---

25   o. Verf.: Zauberreich der Ozeane, S. 32
26   Schebler, I.

3.1 Chemische Veränderungen

3.1.1 Änderung der Gaskonzentration

Es ist weitgehend akzeptiert, dass den aktuellen Klimaveränderungen eine veränderte Gaszusammensetzung der Atmosphäre zugrunde liegt. Unter anderem stellt man eine erhöhte CO_2-Konzentration fest. Das lässt nicht nur die Temperatur auf der Erde ansteigen (vgl. Kapitel 3.2.5), sondern beeinflusst auch die gelösten Gase im Wasser. Denn an der Meeresoberfläche findet ein Gasaustausch mit der Atmosphäre statt (*Diffusion*). Die Gase streben immer einem Konzentrationsausgleich entgegen, folglich führt mehr CO_2 in der Luft zu einer erhöhten CO_2-Konzentration in den oberflächennahen Wasserschichten.[27]

Die Löslichkeit des CO_2 nimmt durch steigende Wassertemperaturen ebenso wie bei erhöhter Salzkonzentration ab (vgl. Grafik 3, Salzkonzentration hier durch die Chlorinität angegeben). Außerdem geht ein Teil des gelösten CO_2 mit Wasser eine chemische Reaktion ein, weshalb der größte Teil des CO_2 im Meerwasser als Bicarbonat (HCO_3^-) vorliegt:

$$CO_2 + H_2O \rightleftharpoons H_2CO_3 \rightleftharpoons H^+ + HCO_3^- \rightleftharpoons 2H^+ + CO_3^{2-}$$

CO_2 wird erst zu Kohlensäure (H_2CO_3) hydratisiert und reagiert dann zu Bicarbonat weiter, welches die Korallen zum Aufbau der Kalkskelette nutzen (vgl. Kapitel 2.). Dieses wiederum kann zu Carbonat (CO_3^{2-}) umgebaut werden.

Die Häufigkeit dieser beiden Anionen (negativ geladene Teilchen) sowie der Kohlensäure im Meer ist vom pH-Wert des Wassers abhängig. Dieser ergibt sich aus der Konzentration der Wasserstoffionen (H^+), die allerdings mit Wasser reagieren und deshalb als Oxonium-Ionen $(H_3O^+$ = Protonen) vorliegen. Da alle Teilschritte der Reaktion reversibel sind, wirken die Kohlensäure und das Karbonat stabilisierend auf den pH-Wert, indem sie mit den freien Protonen reagieren. Liegen wenig freie Protonen vor (hoher pH-Wert), werden Wasserstoffionen freigesetzt, wodurch der pH-Wert sinkt und umgekehrt. „[...] der pH-Wert [beträgt] ca. 8,1 - 8,3, bei hoher CO_2-Zehrung durch Photosynthese ist eine kurzfristige Steigerung auf 8,5 möglich."[29] [30] [31]

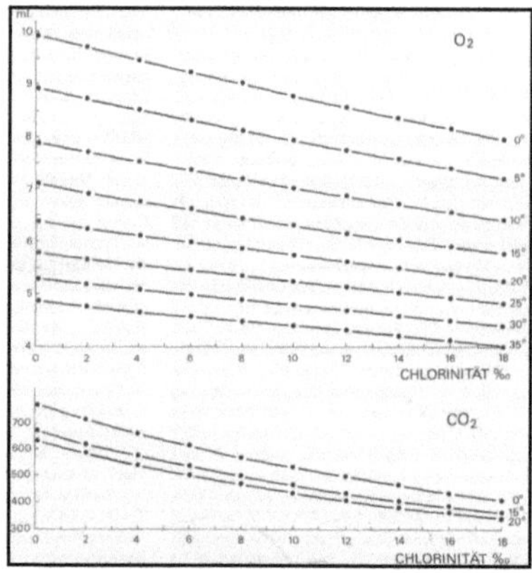

Grafik 3: Löslichkeiten von O_2 und CO_2 im Meer[28]

27   Tardent, P.: S. 196
28   Tardent, P.: S. 197
29   Sommer, U.: S. 36
30   Sommer, U.: S. 34
31   Tardent, P.: S. 197

Während täglich im offenen Wasser pro Kubikmeter nur 0,06 bis 0,5g Kohlenstoff gebunden werden, sind es im Korallenriff 4 bis 6g, was darauf schließen lässt, dass er eine wichtige Rolle spielt.[32]

Sowohl die Korallenpolypen als auch die Zooxanthellen benötigen Kohlenstoff zum Proteinaufbau und zum Energiegewinn. Eine erhöhte Konzentration des Gases ist hierfür also von Vorteil.

Das Kalkskelett ist jedoch sehr säureempfindlich, weshalb ein verringerter pH-Wert zum Abbau des Skelettes führen kann, beziehungsweise schon der Aufbau erschwert wird. „Die für das Ende des 21. Jahrhunderts prognostizierte Fortsetzung des atmosphärischen CO_2-Anstiegs lässt einen Rückgang der globalen Riffkalzifizierung um 30% gegenüber dem präindustriellen Zustand erwarten."[33] Bereits jetzt kann das beobachtet werden. Schon Mitte der 90er Jahre wurde in den Oberflächenschichten eine pH-Abnahme um 0,1% gegenüber den vorindustriellen Werten festgestellt. Denn geht mehr CO_2 eine Reaktion ein, gibt es auch mehr Oxoniumionen und der pH-Wert sinkt.[34] [35]

Durch die CO_2-Anreicherung ist das ganze Ökosystem Korallenriff bedroht. Auch, weil sich Tiere nur begrenzt an schwankende Konzentrationen anpassen können.[36]

Die Korallenpolypen selbst atmen jedoch Sauerstoff, auf den die gleichen Aussagen über die Löslichkeit zutreffen wie auf das CO_2. Allerdings geht er keine Reaktion mit dem Wasser ein. Bei der Sauerstoffkonzentration muss aber beachtet werden, dass das Gas in großen Mengen vom Phytoplankton produziert und an die Atmosphäre abgegeben wird. „Ein Überwiegen der Photosynthese kann zu Sauerstoffsättigungen bis ca. 250% führen [...] "[37] [38]

3.1.2 Beeinflussung der Salinität

Die Salinität (oft gleichbedeutend mit der Chlorinität) gibt die Menge der in einem bestimmten Volumen Wasser gelösten Salze wieder und wird in Promille oder PSU (*practical salinity unit*, entspricht ca. 1 Massen-‰) angegeben. Welche Salze gelöst sind, wird dabei außer Acht gelassen.[39] [40]

Durchschnittlich liegt der Salinitätswert der Meere bei 34,72 ‰, wobei die Werte örtlich sehr stark davon abweichen können. Die mittlere Salinität erreicht zwischen den 20. und 30. Breitengraden ihre Maxima (ca. 37‰), Richtung Äquator und Polarregionen nehmen die Werte wieder ab. Erklären

---

32   Loya, Y. , R. Klein: S. 162

33   Richter, C. , I. Wunsch: Ökosystem Korallenriff –versunkener Schatz: S. 251

34   Centeno, C.: S. 11

35   Pörtner, H. (o.J.): CO2 „nur" ein Klimafaktor? Wirkung auf Meerestiere: S. 292

36   Pörtner, H. (o.J.): CO2 „nur" ein Klimafaktor? Wirkung auf Meerestiere: S. 293

37   Sommer, U.: S. 33

38   Tardent, P.: S. 197

39   Sommer, U.: S. 36

40   Tardent, P.: S. 166

lassen sich die Maxima durch die klimatischen Bedingungen, beziehungsweise durch Zufluss- oder Niederschlagsmenge und Verdunstungsrate, deren Verhältnis zueinander bestimmend für die Salinität ist. Genau diese Parameter können durch die Klimaänderungen beeinflusst werden. Durch erhöhte Temperaturen verdunstet mehr Wasser, während die gelösten Salze zurückbleiben. Die Folge ist eine erhöhte Salinität. Außerdem kann die Niederschlagsmenge regional stark ansteigen (vgl. Kapitel 3.2.4), was durch die Verdünnung des Wassers zu einem geringeren Wert führt.

„Jede Veränderung des Salinitätswertes hat Veränderungen einer ganzen Reihe physikalischer Größen zur Folge, die den Zustand des Wassers mitbestimmen."[41]

Wie bereits in Kapitel 3.1.1 erläutert, bestimmt die Salinität zusammen mit der Temperatur die Gaslöslichkeit. Auch die Wasserdichte wird neben der Temperatur und dem hydrostatischen Druck von der Salinität beeinflusst (vgl. Kapitel 3.2.2). „Jede Erhöhung des Salzgehaltes bei gleichbleibender Temperatur und unverändertem Druck hat eine lineare Zunahme der Dichte zur Folge."[42][43]

Der Salzgehalt beeinflusst aber auch direkt die Korallen. Denn beispielsweise deren Fortpflanzungszeitpunkt wird neben der jahreszeitlichen Erwärmung des Wassers und den Mondphasen auch von der Salinität bestimmt.[44]

Während die Salinität nur selten so hohe Werte erreicht, dass es Auswirkungen auf das Korallenwachstum hat, verhindern zu niedrige Werte häufig das Wachstum. Man kann beobachten, dass es an Stellen mit großen Süßwassereinträgen und somit geringem Salzgehalt keine Riffe gibt. Kurzfristige Veränderungen (z. B. hervorgerufen durch starke Regenfälle) werden von Korallen toleriert, langfristige können aber zum Absterben führen, was wohl mit der Osmoseregulation zusammenhängt. Deren Aufgabe ist es, den Innendruck der Zellen trotz sich verändernder Salinitätswerte des umgebenden Wassers gleich zu halten. Bei zu großen Schwankungen, oder wenn die Werte stark vom Optimum abweichen, sind die Korallen mit dieser Aufgabe überfordert.[45][46]

---

41   Tardent, P.: S. 168
42   Tardent, P.: S. 187
43   Tardent, P.: S. 168
44   Loya, Y. , R. Klein: S. 85
45   Loya, Y. , R. Klein: S. 23ff.
46   Tardent, P.: S. 169

3.2 Physikalische Veränderungen

3.2.1 Änderungen im Meeresspiegelniveau und der Lichtintensität

Eine der bekanntesten Auswirkungen der globalen Klimaerwärmung ist der Meeresspiegelanstieg. Dieser kommt zum einen dadurch zustande, dass in Eis und Schnee gespeichertes Wasser ins Meer gelangt, weil Gletscher, Schneemassen und die Polkappen schmelzen. Seit 1993 sind aber rund 57% der gesamten geschätzten Einzelbeiträge zum Meeresspiegelanstieg auf die thermische Ausdehnung (Vergrößerung des Wasservolumens durch das Zuführen von Wärmeenergie) der Ozeane zurückzuführen.[47]

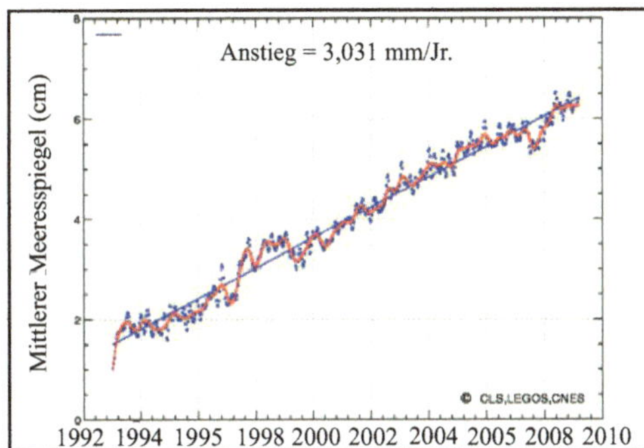

Grafik 4: Globaler Anstieg des Meersspiegels[49]

„Nach Angaben des 4. IPCC-Sachstandsberichts stieg der mittlere globale Meeresspiegel in der Zeit von 1961 bis 2003 durchschnittlich um 1,8 [...] mm pro Jahr und von 1993 bis 2003 sogar um durchschnittlich etwa 3,1 [...] mm pro Jahr."[48] (vgl. Grafik 4) Die Zahlen, wie weit er sich bis zum Ende des Jahrhunderts erhöhen wird, reichen von 18 cm bis über einen Meter.[50] [51]

Dadurch werden sich in geringem Umfang Dichte- und Druckverhältnisse ändern (vgl. Kapitel 3.2.2), doch wichtiger ist die direkt auf Korallen wirkende Veränderung, dass weniger Licht zu den Tieren gelangt, weil es zuvor vom Wasser absorbiert wird.

Durch die Symbiose mit den autotrophen Zooxanthellen (vgl. Kapitel 2.) sind die Korallenpolypen vom Sonnenlicht abhängig. Die Lichtintensität nimmt exponentiell mit der Tiefe ab, weil sie von den Wassermolekülen, Schwebstoffen und Plankton gestreut oder absorbiert wird (vgl. Abb. 5, S. 12). Allerdings lässt sich keine allgemeingültige Regel für die Abnahme der Intensität formulieren, da es von der Anzahl und Zusammensetzung der gelösten Stoffe abhängt, welche Spektralfarben des Lichts wie weit vordringen können. Bei klarem Wasser wird in zwei bis drei Metern bereits die infrarote und ultraviolette Strahlung absorbiert, während der blaue Bereich am weitesten vordringt. Bei Durchschnittsbedingungen liegt in einer Tiefe von zehn Metern die Lichtintensität im Vergleich zur Oberfläche nur noch bei 20%. Erst wenn weniger als 1% des Lichts vorhanden

---

47   o. Verf.: Klimawandel und marine Ökosysteme. Meeresschutz ist Klimaschutz, S. 21

48   o. Verf.: Klimawandel und marine Ökosysteme. Meeresschutz ist Klimaschutz, S. 21

49   von Schebler, I. verändert nach Ramp, S. , et. al (o.J.), http://www.cencoos.org/sections/ news/sea_level.shtml

50   o. Verf.: Klimawandel und marine Ökosysteme. Meeresschutz ist Klimaschutz, S. 21

51   o. Verf.: The Coral Triangle and climate change. Ecosystems, people and societies at risk, S. 6

ist, kann keine Photosynthese mehr betrieben werden. Dieser Wert kann bereits in einer Tiefe von drei oder erst in 100 m erreicht sein. Steigt der Meeresspiegel an, wird das Licht früher absorbiert und bei den Korallen kommt weniger an.[52] [53]

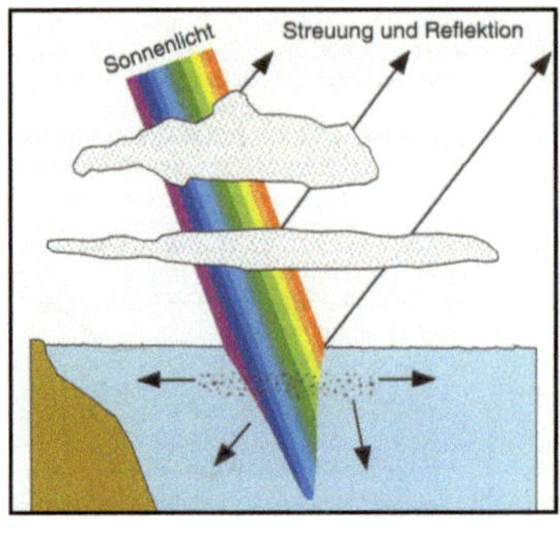

Abb. 5: Die Eindringtiefe der Spektralfarben[55]

Da die Symbiose die Kalzifizierung begünstigt (vgl. Kapitel 2), wachsen Korallen bei guten Lichtverhältnissen wesentlich schneller.[54]

Schlechteren Lichtverhältnissen können sie sich bedingt anpassen. Für Minuten können die Polypen ihre Oberfläche ausdehnen, um das Licht großflächiger nutzen zu können. Die Zooxanthellen können einige Stunden die Photosynthese-Pigmente chemisch verändern und so effizienter arbeiten. Es benötigt einige Tage, um die Konzentration der Algen zu erhöhen. Im Laufe der Jahre passt die ganze Kolonie ihre Wuchsform den Lichtbedingungen an. Verschiedene Arten haben sich auf unterschiedliche Tiefen und Lichtverhältnisse spezialisiert. Es ist möglich, dass flachere Korallenarten, die das Licht besser nutzen können, den Platz anderer einnehmen werden.[56] Zwar wachsen die Korallenbänke um durchschnittlich 10 mm im Jahr, steigt aber der Meeresspiegel schneller an, als die Kalkskelette aufgebaut werden, können die Korallen sterben.[57]

Abb. 6 Teilweise bereits abgestorbene Korallen wegen Niedrigwasser[58]

Durch die erhöhte Temperatur kommt es zum Beispiel in Buchten unter Umständen zu extremer Verdunstung und einem starken Meeresspiegelabfall. Liegen unangepasste Korallen dadurch im Freien, sind sie der Sonne und der UV-Strahlung ungeschützt ausgeliefert, was innerhalb kurzer Zeit zum Absterben des Korallenstocks führt (vgl. Abb. 6). Doch auch wenn die Korallen noch unter Wasser liegen, kann sich eine geringere Wassertiefe negativ auf die Photosynthese auswirken, da deren Lichtoptimum niedriger liegt als die Oberflächeneinstrahlung.[59]

Sowohl ein Meeresspiegelanstieg als auch –abfall haben also negative Auswirkungen auf Korallen.

52   Schiel, S. , B. Niehoff: Licht im Meer: S. 23
53   Tardent, P.: S. 207f.
54   Loya, Y. , R. Klein: S. 23
55   Schiel, S. , B. Niehoff: Licht im Meer: S. 23
56   Loya, Y. , R. Klein: S. 62, 69
57   o. Verf.: Klimawandel und marine Ökosysteme. Meeresschutz ist Klimaschutz: S. 21
58   Loya, Y. , R. Klein: S. 136
59   Sommer, U.: S. 33

3.2.2 Beeinflussung der Dichte des Wassers

Die Dichte eines Körpers wird durch dessen Masse pro Volumeneinheit definiert. Destilliertes Wasser hat bei 4°C auf Meeresspiegelhöhe seine höchste Dichte. Die Dichte des Meerwassers bestimmen also der Salzgehalt (vgl. Kapitel 3.1.2), die Temperatur (vgl. Kapitel 3.2.5) und der wirkende hydrostatische Druck. Dieser gibt den auf einen Körper wirkenden Druck in einer bestimmten Tiefe an. Meist wird die Messeinheit Bar gebraucht. Die Atmosphäre übt auf Meeresspiegelhöhe einen Druck von einem Bar aus. Vereinfacht gesagt nimmt er je Tiefenzunahme von zehn Metern um ein Bar zu und mit ihm natürlich auch die Dichte des Wassers. [60] [61]

Zu einer Dichteabnahme führen zum einen die erhöhten Temperaturen (vgl. Kapitel 3.2.5), da sich durch die thermische Ausdehnung das Wasservolumen vergrößert und deshalb dort eine geringere Dichte herrscht als bei niedrigeren Temperaturen. Zum anderen sinkt aufgrund des Abschmelzens der Eismassen (vgl. Kapitel 3.2.1) und der Niederschlagszunahme (vgl. Kapitel 3.2.4) der Salzgehalt.
Wegen der Temperaturzunahme steigt aber auch die Verdunstungsrate, wodurch sich der Salzgehalt erhöht (vgl Kapitel 3.1.2) und das Gewicht des Wassers und damit auch die Dichte zunehmen. Durch den Meeresspiegelanstieg (vgl. Kapitel 3.2.1) steigt der hydrostatische Druck, da mehr Wasser auch mehr Druck auf tiefergelegene Wasserschichten ausübt.[62] [63]

Es ist schwer vorauszusagen, wie stark sich die einzelnen Veränderungen auswirken und gegenseitig abschwächen werden, wobei man annehmen kann, dass sich die Dichte verringern wird. Da dies dann aber nur im kleinen Rahmen geschieht und sich deshalb die direkten Auswirkungen auf Korallen in Grenzen halten, können diese vernachlässigt werden.[64]
Weitreichende Folgen hat die veränderte Dichte allerdings, wenn man sie als Teil eines großen Komplexes sieht. Regionale Dichteunterschiede sind nämlich der Antrieb der Meeresströmungen. Es ist sehr wahrscheinlich, dass diese sich durch die Klimaänderungen verändern werden, was durchaus Konsequenzen für das ganze Ökosystem Meer und die Korallen hat (vgl. Kapitel 3.2.3).

3.2.3 Strömungen, das Transportunternehmen der Ozeane

Wie bereits im vorigen Kapitel erwähnt, ergeben sich Strömungen aus Dichteunterschieden. Der Druck strebt immer einem Ausgleich entgegen, das heißt Wasser fließt von Gebieten mit hoher Dichte zu denen mit geringerer. Eine Beeinträchtigung der Strömungen hängt somit von veränderten Dichteverhältnissen ab.

60   Tardent, P.: S. 193
61   Sommer, U.: S. 26
62   o. Verf.: Klimawandel und marine Ökosysteme. Meeresschutz ist Klimaschutz: S. 9
63   Sommer, U.: S. 27f.
64   o. Verf.: Klimawandel und marine Ökosysteme. Meeresschutz ist Klimaschutz: S. 9

Durch Unterschiede in Temperatur und Salzgehalt bildet sich eine sogenannte thermohaline Schichtung. Für den vertikalen Dichteausgleich sorgen Wind, Konvektionsströmungen (schwereres Wasser strömt nach unten und wird von leichterem ersetzt) und Strömungen.

Die horizontale Verfrachtung der Wassermassen wird hauptsächlich vom Wind, der Coriolis-Kraft (Ablenkung der Strömungsrichtung durch die Erdrotation) und der thermohalinen Tiefenwasserbildung in Gang gebracht.[65] [66]

Einer der wichtigsten Antriebe des weltweiten Strömungssystems ist ein Vorgang (z.B. am Nordrand des Atlantiks), bei dem in hohen Breitengraden durch die Eisbildung schweres, salzreiches Wasser entsteht und absinkt. Zum Ausgleich strömt Oberflächenwasser aus wärmeren Zonen nach. Es ist möglich, dass dieser Motor durch die vermehrte Eisschmelze beeinträchtigt wird. Denn das leichtere Schmelzwasser sinkt nicht mehr nach unten, wodurch der Kreislauf unterbrochen werden könnte.[67] [68]

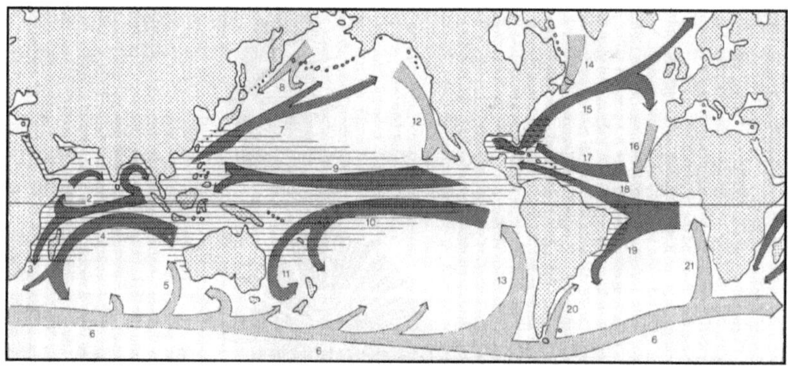

Abb. 7: Vereinfachte Darstellung der wichtigsten Oberflächenströmungen im Nordsommer[69]

Strömungen sind insofern wichtig, als sie das Transportunternehmen der Meere sind. Sie transportieren überlebenswichtige Nährstoffe, Gase, aber auch Lebewesen und das Wasser selbst. Sie bestimmen, je nach Herkunftsort des Wassers, welche Temperatur und welchen Salzgehalt das Meer in einem bestimmten Gebiet hat.[70] [71]

Auf Abbildung 7 erkennt man, dass der Riffgürtel (schraffiert) auf die Bereiche mit warmen Strömungen (dunkel) beschränkt ist. An Stellen, die unter dem Einfluss kalter Wassermassen (hell) stehen, ist der Riffgürtel verschmälert (z.B. an der Pazifikküste Mittelamerikas). Im Westpazifik und Westatlantik sind Korallenriffe dagegen weit über den 25. Breitengrad Nord hinaus verbreitet, was wohl auf die nach Norden fließenden warmen Strömungen Kuroschio (7) und den Golfstrom (15) zurückzuführen ist.

---

65   Sommer, U.: S. 27ff.

66   Tardent, P.: S. 226

67   Sommer, U.: S. 30

68   o. Verf.: Klimawandel und marine Ökosysteme. Meeresschutz ist Klimaschutz: S. 9

69   Schuhmacher, H.: S. 22

70   Tardent, P.: S. 229

71   Sommer, U.: S. 31

Nicht nur die Temperatur, sondern auch die strömungsbedingte Fließgeschwindigkeit des Wassers beeinflusst die Verbreitung der Korallen. Denn an Stellen mit sehr starkem oder sehr schwachem Wasserdurchfluss kommen sie nicht vor. Innerhalb einer Riffgemeinschaft wachsen verschiedene Korallenarten entweder am Riffrand, wo die Strömungen im Allgemeinen stärker sind, oder in der geschützteren Mitte. Sie bestimmen auch die Wachstumsform der einzelnen Stöcke. Kolonien derselben Art wachsen an Stellen mit starker Wasserbewegung kleiner, stämmiger und kompakter als an anderen.[72]

Da sie sich nicht selbstständig fortbewegen können, sind Korallen direkt von den Strömungen abhängig. Zum einen müssen sie alles Überlebenswichtige, wie Nahrung oder Carbonate aus dem vorbeifließenden Wasser fischen, zum anderen bestimmen die Strömungen ihre Verbreitung, indem sie die Larven mittragen. Zwei benachbarte Populationen können durch eine Strömung voneinander isoliert werden, was eine genetische Vermischung unmöglich macht. Andererseits können sich die Larven aber auch an weit entfernten Orten ansiedeln, die sie durch eigene Kraft niemals erreicht hätten.[73]

Verändern Strömungen ihre Fließgeschwindigkeit oder ihre Route, kann das für Korallen entweder positive oder negative Folgen haben: Sie können besser oder schlechter mit Nahrung versorgt werden, können sich vielleicht in anderen Gebieten ansiedeln, wegen zu hoher Fließgeschwindigkeit abbrechen oder bekommen eventuell mit einer Temperaturveränderung zu tun (vgl. Kapitel 3.2.5).

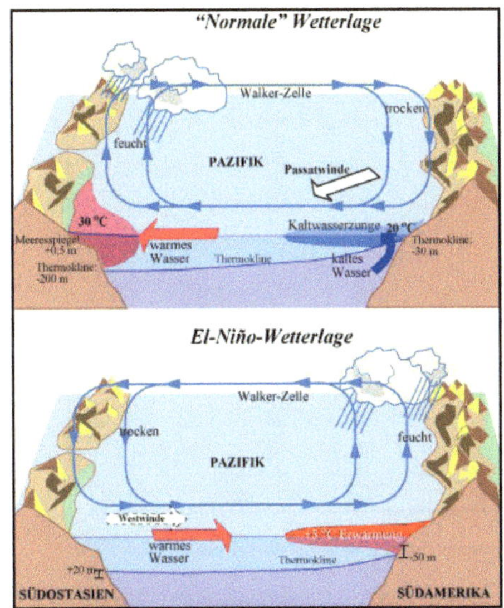

Abb 8: Walkerzirkulation und El Nino[74]

Die großräumigen Auswirkungen bei der Veränderung eines Strömungssystems lassen sich am Beispiel des El Niño zeigen (vgl. Abb. 8 unten).

Dieses Phänomen ist die zeitweise Umkehr der Walkerzirkulation, die normalerweise das warme Oberflächenwasser des Pazifiks nach Ozeanien drückt und für das Aufsteigen kalten, nährstoffreichen Tiefenwassers vor der Westküste Südamerikas verantwortlich ist (vgl. Abb. 8 oben). Aus unbekannten Gründen dreht sich die Zirkulation in unregelmäßigen Abständen um, was vor allem im Ostpazifik weitreichende Folgen nach sich zieht. „Das Oberflächenwasser

72   Loya, Y. , R. Klein: S. 62
73   Tardent, P.: S. 230
74   von Schebler, I. verändert nach Kasang, D. (2008): http://wiki.bildungsserver.de/kli
      mawandel/index.php/Datei:ENSO-wetterlage.jpg

erhitzt sich auf 30 bis 31 Grad Celsius [...] und da das Tiefenwasser nicht zur Oberfläche durchdringt, fehlen auch dessen Nährstoffe und Sauerstoff. [...] Die Verdunstung der obenliegenden warmen Wasserschichten und warme landwärtige Winde verursachen auf dem Festland anormale Regenfälle und Überschwemmungen. Dies führt wiederum zu einer Verdünnung des küstennahen Wassers und vermehrter Einsandung der Riffe durch feine Sedimente. Der durchschnittliche Meeresspiegel in Küstennähe kann sich um 30 bis 40 Zentimeter erhöhen."[75]

El Niño geht jedes Mal mit einem verheerenden Tiersterben einher, weil erwartete Nährstoffe ausbleiben und die Nahrungskette so unterbrochen wird. Doch auch Korallen sind betroffen, denn in El Niño-Jahren treten meist große Korallenbleichen, vor allem in der Karibik, auf. Während dem stärksten beobachteten El Niño von 1997 bis 1998 zum Beispiel starben in Bahía Culebra im Golfo de Papagayo 80% der Korallen.[76]

Andererseits konnten sich die Larven der westpazifischen Korallen durch die Strömungsumkehr im Ostpazifik ansiedeln. Das ist unter normalen Bedingungen unmöglich, weil sie sonst gegen die Passatdrift ankommen müssten.[77]

Das Phänomen trat schon immer auf, neu ist jedoch, dass es seit den 1970er Jahren in immer kürzeren Abständen vorkommt. Ob das auf die Klimaerwärmung zurückzuführen ist, ist umstritten, jedoch wahrscheinlich, denn in Grafik 5 wird der Zusammenhang zwischen dem Auftreten des Phänomens und erhöhten Temperaturen deutlich, denn Temperaturmaxima fallen mit El Niño Ereignissen zusammen. Allerdings ist nicht geklärt, ob El Niño dem Temperaturanstieg folg oder umgekehrt.[78]

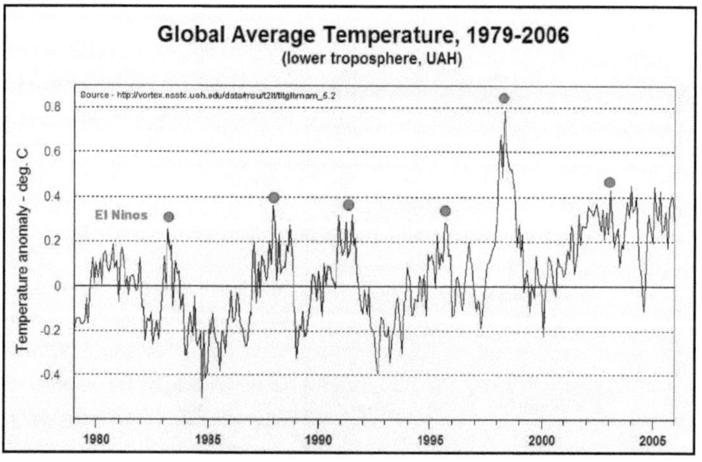

Grafik 5: Globale Durchschnittstemperaturen und El Niño-Auftreten[79]

---

75   Loya, Y. , R. Klein: S. 139
76   Centeno, C.: S. 1, 32
77   Loya, Y. , R. Klein: S. 140
78   Centeno, C. : S. 1
79   von Schebler, I. verändert nach Carter, R. : S. 68

3.2.4 Die erhöhte Unwetterhäufigkeit

Die Klimaerwärmung erhöht auch die Unwetterwahrscheinlichkeit und –intensität. Aufgrund des Wasser- und Lufttemperaturanstiegs nimmt die Aufnahmefähigkeit der Luft für Wasserdampf zu. Dadurch steigt mehr warme Luft, die viel Wasser gespeichert hat, auf und Luftdruckunterschiede werden signifikanter. Dies führt häufiger zu stärkeren Unwettern. Die Windgeschwindigkeiten steigen und die begleitenden Regenfälle nehmen um 18% an Stärke zu. Die Anzahl an Hurrikanen der Kategorie vier und fünf stieg seit 1970 um 75%. Der größte Anstieg ist im Nord- und Südwestpazifik sowie im Indischen Ozean zu verzeichnen, den korallenreichsten Regionen der Erde.[80] [81] [82]

Auf Grafik 9 erkennt man, dass in Warmphasen mehr Stürme auftreten als bei geringeren Temperaturen. Außerdem zeigt sich, dass die Häufigkeit schwerer Hurrikane zunimmt.

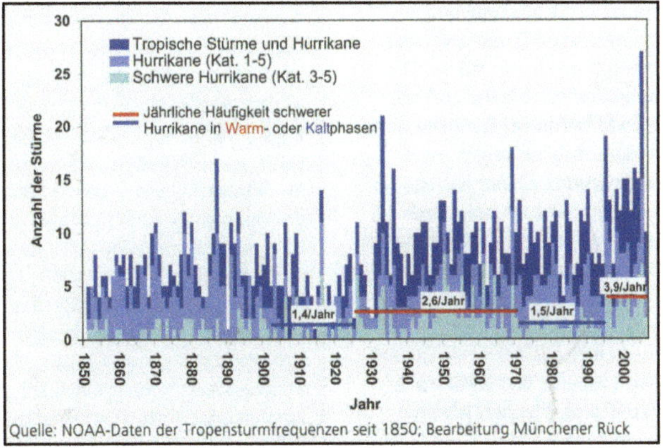

Grafik 9: Mittlere Anzahl der Hurrikane im Nordatlantik[83]

Wenn es sehr stark regnet, sinkt der Salzgehalt in den oberflächennahen Schichten. Kommt es über Land aufgrund der Niederschläge zu Überschwemmungen, führen die Flüsse nicht nur mehr Süßwasser ins Meer, sondern auch Sediment. Diese Partikel können sich auf die Korallen absetzen und die Polypen ersticken. Es wurde zwar beobachtet, dass sie durch Bewegung geringe Mengen Sediment abschütteln können, doch das geht zu Lasten des Wachstums, weil es viel Energie verbraucht. Verzweigte Korallen werden von der Sedimentation weniger beeinträchtigt als massive Kolonien (vgl. Abb. 9, S. 19). Außerdem können sich neue Planula-Larven nicht mehr ansiedeln, da der Untergrund durch die Ablagerungen zu weich ist.[84] [85]

80   o. Verf.: Klimawandel und marine Ökosysteme. Meeresschutz ist Klimaschutz: S. 9

81   Höppe, P. , T. Loster: Klimawandel und Wetterkatastrophen. Aktuelle Trends und Beobachtungen zur Rolle der Versicherungswirtschaft: S. 28

82   Trenberth, K. et al. (2007): http://www.ipcc.ch/publications_and_data/ar4/wg1/en/faq-3-3.html

83   Höppe, P. , T. Loster: Klimawandel und Wetterkatastrophen. Aktuelle Trends und Beobachtungen zur Rolle der Versicherungswirtschaft: S. 28

84   o. Verf.: Klimawandel und marine Ökosysteme. Meeresschutz ist Klimaschutz: S. 11

85   Loya, Y. , R. Klein: S. 132ff., 139

Durch den Wind nimmt der Wellengang zu, was zusätzlich dazu führt, dass Sedimente vom Meeresgrund aufgewühlt werden. Die Lichtintensität wird zum einen durch diese Trübung verringert, zum anderen wird ein Teil des auftreffenden Lichts an der Wasseroberfläche reflektiert (vgl. Abb.5, S. 12). Bei starkem Wellengang kann der Reflexionswert bis zu 60% erhöht sein.[86]

Außerdem lassen sehr starke Wellen die Korallenstöcke abbrechen. Vor allem verzweigte und gefächerte Wuchsformen sind davon betroffen.

Tropische Stürme können ganze Korallenpopulationen auslöschen und an kleinen Riffen irreparable Schäden verursachen. Vor allem die Kombination aus einem Unwetter, welches die Korallen Stress aussetzt, und längerfristig erhöhten Temperaturen führen dazu, dass die Riffe großen Schaden nehmen.[88]

Abb.9: Verzweigte Geweihkorallen sind wenig von der Sedimentation betroffen[87]

3.2.5 Der Temperaturanstieg

Seit Beginn des 20. Jahrhunderts ist die globale Durchschnittstemperatur um 0,74 °C angestiegen. Bis zum Ende des Jahrhunderts soll sie sich um 1,1 bis 6,4 °C erhöhen. Über 80% der anthropogen erzeugten Wärme wird vom Meer absorbiert, weshalb bereits jetzt ein Temperaturanstieg bis in 3000m Tiefe messbar ist. [89]

Das zieht, wie bereits mehrmals erwähnt, Veränderungen in nahezu allen Bereichen des Systems Meer nach sich: Die Verdunstung erhöht sich und Unwetter werden häufiger und stärker (vgl. Kapitel 3.2.4). Die Eismassen schmelzen, was zusammen mit der thermischen Ausdehnung des Wassers den Meeresspiegelanstieg bewirkt (vgl. Kapitel 3.2.1) und die Dichte verändert (vgl. Kapitel 3.2.2), wodurch sich Strömungssysteme ändern können (vgl. Kapitel 3.2.3). Außerdem werden die Salinität (vgl. Kapitel 3.1.2) und die Gaslöslichkeit (vgl. Kapitel 3.1.1) beeinflusst.

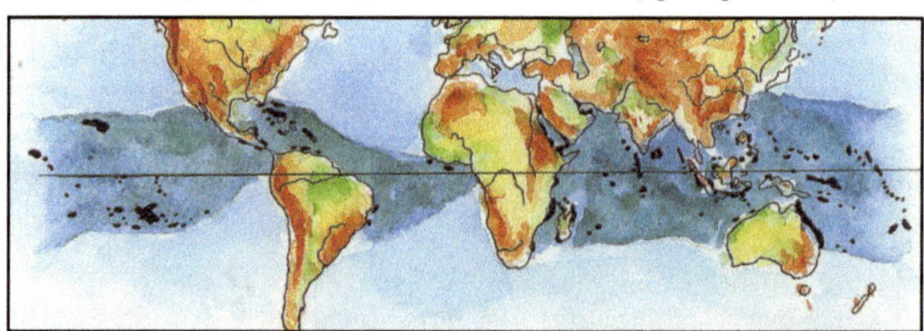

Abb. 10: Riffvorkommen zwischen den Isothermen innerhalb derer die Temperatur nie nachhaltig unter 20°C sinkt (dunkelblau)[90]

---

86   Tardent, P.: S. 207

87   Loya, Y. , R. Klein: S. 20

88   Loya, Y. , R. Klein: S. 134

89   o. Verf.: Klimawandel und marine Ökosysteme. Meeresschutz ist Klimaschutz: S. 8

90   Loya, Y. , R. Klein: S. 36

Das Naheliegendste in Bezug auf die Klimaerwärmung in Verbindung mit dem Meer ist aber die Erhöhung der Wassertemperatur, die auch direkte Auswirkungen auf die Korallen hat.

Korallenriffe wachsen nur in Gebieten, in denen die Durchschnittstemperatur ganzjährig über 18°C liegt, wobei 25 bis 26 °C optimal sind. Auf Abbildung 10 (S. 18) erkennt man, dass alle Riffe (schwarz) in einem Gebiet liegen, in dem die Temperaturen nie unter 20°C absinken.

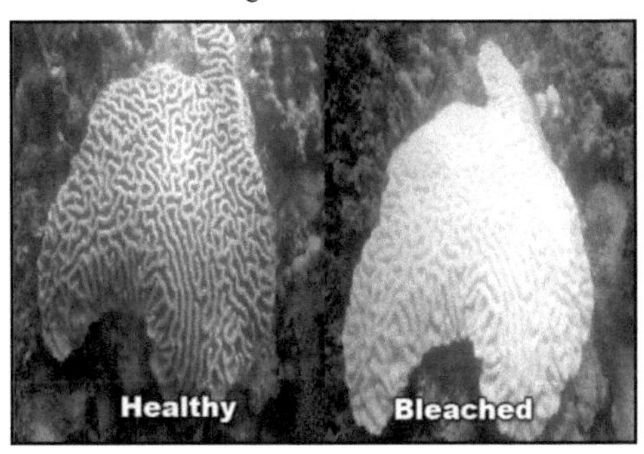

Abb.11: Eine Koralle im Roten Meer, links im gesunden und rechts im gebleichten Zustand[91]

Da Wasser thermisch träge ist und große Wärmemengen speichern kann, gibt es gewöhnlich keine schnellen Temperaturschwankungen. Daran haben sich im Meer lebende Organismen gewöhnt und tun sich entsprechend schwer mit der Anpassung an den ungewöhnlich schnellen Temperaturanstieg. „Sowohl niedrige als auch hohe Temperaturen können [bei Korallen] Stress hervorrufen und für Wachstumspausen oder Absterben sorgen. Eine charakteristische Reaktion auf Wärmestress ist das Ausstoßen der Zooxanthellen."[92] [93]

Nach dem Verlust der Symbionten wirken die Korallen weiß, weshalb der Vorgang als Korallenbleiche (*Coral Bleaching*) bezeichnet wird (vgl. Abb.11). Dadurch steht den Polypen weniger Energie zur Verfügung und die Hilfe beim Skelettaufbau fehlt (vgl. Kapitel 2.). Aber bereits geringe Temperaturschwankungen beeinflussen die Dichte der Wachstumsmuster im Kalkskelett. „Der Schwellenwert der Meereswassertemperatur für das Auslösen einer Korallenbleiche liegt an vielen Standorten nur 1 bis 2 °C über dem Maximum der Sommertemperatur. Tropische Korallen leben also nahe der Höchsttemperatur, bei der sie noch existieren können. Je intensiver der Temperaturanstieg ist und je länger er anhält, desto irreversibler ist die Korallenbleiche."[94] [95] [96] Coral Bleaching tritt seit den 1970er Jahren an fast allen Korallenriffen der Erde und in nie dagewesenem Ausmaß auf. 1998 zum Beispiel waren weltweit 30% der Riffe betroffen. Auf Abbildung 12 (S. 20) sieht man, dass immer mehr Riffe mit starken Bleichen zu tun haben.[97] [98] Obwohl es Gegenstand intensiver Forschungen ist, sind die genauen Ursachen dafür nach wie vor umstritten.

91   (o.Verf) (o.J.): A message about „coral bleaching" from RSDS marketing manager: http://www.redseadivingsafari.com/index.php?n_id=134&inc=news
92   Loya, Y. , R. Klein: S. 23
93   Tardent, P.: S. 175
94   Loya, Y. , R. Klein: S. 13
95   o. Verf.: Klimawandel und marine Ökosysteme. Meeresschutz ist Klimaschutz: S. 13
96   Loya, Y. , R. Klein: S. 99
97   Centeno, C.: S. 78
98   o. Verf.: Klimawandel und marine Ökosysteme. Meeresschutz ist Klimaschutz: S. 13

Weit verbreitet ist die *Adaptive Bleaching Hypothesis*. Um diese zu verstehen, muss man wissen, dass Korallen verschiede Arten der Zooxanthellen beherbergen, die unterschiedliche Temperatur- und Lichtoptima haben. Nach dieser Theorie ist das Abstoßen der Algen eine Maßnahme des Wirts, um vorhandene durch temperaturresistentere Zooxanthellen einzutauschen. Der Vorgang ist für das Überleben zwar notwendig, kann aber zum Eingehen der Kolonie führen. Im schlimmsten Fall verschwinden Arten ganz aus einem Gebiet, in dem sie zuvor verbreitet waren.[99][100]

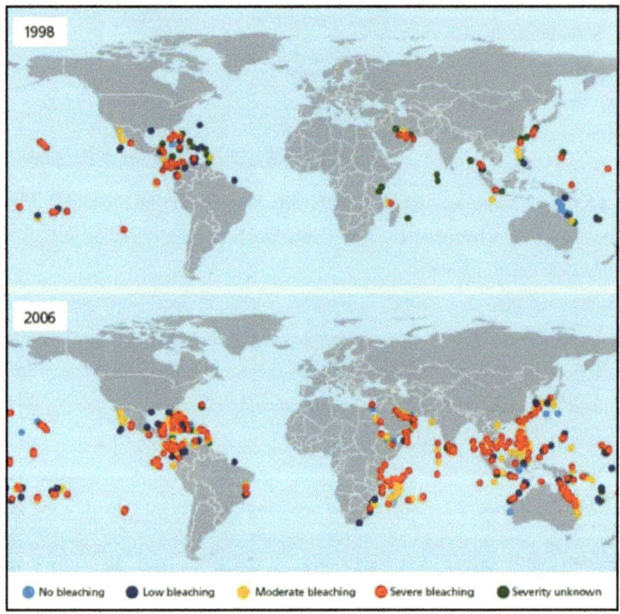

Abb.12: Weltweites Auftreten der Korallenbleiche in den Jahren 1998 und 2006[101]

Das Phänomen wird meist auf El Niño (vgl. Kapitel 3.2.3) und die Klimaerwärmung zurückgeführt. Bei einem fortschreitenden Anstieg der Wassertemperaturen muss mit einem vermehrten und intensiveren Auftreten der Korallenbleiche gerechnet werden.[102]

---

99   Richter, C. , I. Wunsch: Ökosystem Korallenriff –versunkener Schatz: S. 252ff.

100   Pörtner, H. (o.J.): CO2 „nur" ein Klimafaktor? Wirkung auf Meerestiere: S. 292

101   (o.Verf) (o.J.): A message about „coral bleaching" from RSDS marketing manager: http://www.redseadivingsafari.com/index.php?n_id=134&inc=news

102   o. Verf.: Klimawandel und marine Ökosysteme. Meeresschutz ist Klimaschutz: S. 13

3.3 Veränderungen in der Lebensgemeinschaft des Korallenriffs

Wie in den vorigen Kapiteln erläutert, wird das Ökosystem Meer vielseitig von Klimaänderungen beeinflusst. Diese Veränderungen haben auch Verschiebungen in der Gemeinschaftsstruktur des Riffs zur Folge.

Arten können ganz aus einer Region verschwinden oder zuvor dominierende von anderen zurückgedrängt werden. Stattdessen können sich neue Arten ansiedeln, die unter den zuvor herrschenden Bedingungen nicht überleben konnten. Wenn diese Einwanderer keine natürlichen Feinde in dieser Region haben, werden sie schnell dominierend. Auch kann die Population einer Art aufgrund besserer Bedingungen explodieren, sodass sie in für das Ökosystem nicht verkraftbaren Massen auftritt. Das hat vor allem für deren Nahrung weitreichende Folgen.[103]

„Am Korallenriff herrscht ein Gleichgewicht zwischen gleichzeitig stattfindendem Wachstum und Zerstörungsprozessen."[104] Dieser Ausgleich kann sich durch Störungen aber verschieben.

Die Zerstörung hervorrufenden Tiere werden grob in Fressfeinde und bohrende Organismen unterteilt. Zu Ersteren gehören Schnecken und Seesterne, die die Korallenpolypen abweiden. Außerdem gibt es korallenfressende (*corallivore*) Fischarten, welche die Polypen entweder einzeln aus ihrem Kalkskelett saugen (z.B. Schmetterlingsfische, vgl. Abb.14) oder sie mit Kalkskelett abbrechen und verdauen (z.B. Papageienfische, vgl. Abb.13). Bohrende Organismen sind Schwämme, manche Algen und Muscheln, die in lebende oder tote Korallen Gänge bohren.[105]

Abb.13: Papageienfisch[106]   Abb.14: Schmetterlingsfisch[107]   Abb.15: Diademseeigel[108]

Ein Beispiel für eine Veränderung der Populationsgrößen ist das vermehrte Auftreten von Algen in Panama während des El Niño von 1982/83. Wegen des erhöhten Nahrungsangebots nahmen die Diadem-Seeigel (vgl. Abb.15) von 3 auf 50 pro Quadratmeter zu. Da die Seeigel beim Abweiden der Algen auch Substrat der Korallen abschaben, wurden Korallen in ungewöhnlich hohem Ausmaß beschädigt. Umgekehrt kann man sich nun vorstellen, wie sich ein Verschwinden der Seeigel auswirken würde: Denn dann würden die Algen nicht mehr abgeweidet und die Korallen vermutlich von ihnen erstickt werden.[109]

---

103   Schiedek, D. : Bioinvasoren -ein Zuwanderungsproblem: S. 371
104   Loya, Y. , R. Klein: S. 142
105   Schuhmacher, H.: S. 140ff.
106   Krines, A. (1990)
107   Schroll, T. (2009)
108   Krines, A. (1990)
109   Loya, Y. , R. Klein: S. 142

Unter den Seesternen erlangte vor allem der Dornenkronen-Seestern (vgl. Abb.16) Bekanntheit, da ihm durch massenhaftes Auftreten in Riffen Australiens und anderen Stellen des Indopazifiks bis zu 90% der Korallen zum Opfer fielen. Am Riff *Green Island* wurden 1985/86 auf einem Quadratkilometer drei Millionen dieser Tiere gezählt, während es normalerweise nur zehn sind. Der ausgewachsene Seestern hat kaum Fressfeinde, während die freischwimmenden Larven von Planktonfressern vertilgt werden.

Bevölkerungsexplosionen bei Schnecken richten vergleichsweise geringere Schäden an. In Verbindung mit einem Massenauftreten der Dornenkrone können diese aber doch kritisch werden. Bei einem solchen Ereignis wurden 35% eines japanischen Riffs von der Stachelschnecke aufgefressen.

Die genauen Ursachen für diese Bevölkerungsexplosionen sind unbekannt, werden aber mit Klimaveränderungen in Verbindung gebracht.[110]

Abb.16: Dornenkronen-Seestern[111]

Diese weiträumige Zerstörung schafft aber auch Platz für Neubesiedlungen. Auf dem kahlen, toten Korallenskelett wachsen innerhalb kurzer Zeit Algen, Schwämme und Larven der Korallen an (vgl. Abb. 17). Meist hat die neue Riffgemeinschaft eine anderer Struktur als die vorige, da sich neue Dominanzen ergeben. Es dauert jedoch Jahrzehnte, bis der alte Korallenaspekt wiederhergestellt ist.[112][113]

Innerhalb eines Riffs können sich durch die Klimaänderungen Verbreitungsunterschiede einzelner Arten ergeben. Kommt eine Korallenart mit den neuen Bedingungen (z.B. verringerte Lichtintensität aufgrund eines Meeresspiegelanstiegs) nicht zurecht, stirbt die Kolonie an dieser Stelle ab, während eine der selben Art an einer anderen (z.B. höher gelegenen Stelle) überlebt. Der Platz der alten wird von besser angepassten Arten übernommen.

Für die Evolution sind Störungen im System allerdings von Vorteil, da sie die Anpassung antreiben und damit die Artenvielfalt steigern.

Abb.17: Zerstörte Gorgonie wird von Algen und Muscheln bewachsen[114]

---

110   Schuhmacher, H.: S. 147ff.

111   Krines, A.

112   Schuhmacher, H.: S. 143

113   Loya, Y. , R. Klein: S. 139

114   Krines, A.

4. Haben die Riffe eine Zukunft?

„Bereits jetzt gelten ein Drittel aller untersuchten Korallenriffe als verloren, ein Drittel als geschädigt und nur noch ein letztes Drittel als weitgehend intakt."[115]

Das sind schockierend Zahlen, die auf die Dringlichkeit des Problems hinweisen.
Oft wird damit argumentiert, dass sich die Natur selbst helfen könne. Schließlich existieren die Riffe seit Jahrmillionen und sie mussten sich schon immer an neue Bedingungen im Ökosystem Meer anpassen. Claudio Richter und Iris Wunsch halten diesem Argument aber entgegen, dass es im Laufe der Erdgeschichte zwar schon größere Veränderungen des Klimas gegeben habe „die Rasanz der gegenwärtigen Umwälzungen –bedingt durch direkte und indirekte menschliche Eingriffe ins System Korallenriff- ist aber einzigartig."[116][117]
Tatsächlich kann man also davon ausgehen, dass der Mensch das starke Sterben mit zu verantworten hat und deshalb auch nur er helfen kann, eine noch größere Katastrophe zu verhindern.
Es gibt vielseitige Maßnahmen, die zum Schutz der Korallenriffe ergriffen werden. Zum Beispiel wurden weiträumige Schutzzonen eingerichtet. Es gibt auch Versuche, geschädigten Riffen bei der Wiederbesiedlung zu helfen, indem Korallen gezüchtet und transplantiert werden. In anderen Projekten wird genetisches Material gesammelt, um nach dem Aussterben einer Art die Möglichkeit zu haben, sie wiederzuerschaffen.[118][119]
Eine Bekämpfung der Ursachen ist aber die effektivere Lösung: Indem nämlich das anthropogen ausgestoßene CO_2 verringert und so ein weiterer Temperaturanstieg begrenzt wird.

Nach der vorangegangenen Analyse kann man davon ausgehen, dass durch den Klimawandel nicht alle Korallenriffe für immer verloren gehen werden. Es werden aber durchaus noch viele stark beschädigt werden und nur wenige werden die nächsten Jahrzehnte in der jetzigen Zusammensetzung überdauern. Die Erfahrung zeigt jedoch, dass sich erstaunlich schnell neue Gemeinschaften formen können. Doch auf diesem Weg der Anpassung werden einzelne Arten auf der Strecke bleiben.
Die Zukunft der Korallenriffe hängt davon ab, wie schnell die Menschen es schaffen, ihre Fehler auszubügeln. Man kann sie jedoch nicht rückgängig machen, genauso, wie man die wenigsten Korallenriffe noch retten kann. Denn die Auswirkungen der aktuellen Klimaveränderungen auf tropische Korallenriffe liegen nicht mehr in der Zukunft, sondern begannen sich schon in der Vergangenheit zu zeigen.

---

115   Richter, C. , I. Wunsch: Ökosystem Korallenriff –versunkener Schatz: S. 254
116   Richter, C. , I. Wunsch: Ökosystem Korallenriff –versunkener Schatz: S. 252
117   Loya, Y. , R. Klein: S. 20
118   Spiegel online (2010): http://www.spiegel.de/wissenschaft/natur/0,1518,704280,00.html
119   Spiegel online (2010): http://www.spiegel.de/wissenschaft/natur/0,1518,712654,00.html

5. Literaturverzeichnis

Printmedien:

Hempel, G. , et al. (o.J.): Faszination Meeresforschung. Ein ökologisches Lesebuch. Bremen: H.M. Hauschild

Höppe, P. , T. Loster (2007): Klimawandel und Wetterkatastrophen. Aktuelle Trends und Beobachtungen zur Rolle der Versicherungswirtschaft. In: Geographische Rundschau, 59, 10: 26 – 31

Loya, Y. , R. Klein (1997): Die Welt der Korallen. Enzyklopädie der Unterwasserwelt. Hamburg: Jahr

o. Verf. (1984): Zauberreich der Ozeane. München: Signum-Medien

Pörtner, H. (o.J.): CO2 „nur" ein Klimafaktor? Wirkung auf Meerestiere. In: G. Hempel, et al.: Faszination Meeresforschung. Ein ökologisches Lesebuch. Bremen: H.M. Hauschild: 292 – 300

Richter, C. , I. Wunsch (o.J.): Ökosystem Korallenriff –versunkener Schatz. In: G. Hempel, et al.: Faszination Meeresforschung. Ein ökologisches Lesebuch. Bremen: H.M. Hauschild: 244 - 254

Schuhmacher, H. (1991[4]): Korallenriffe. Verbreitung, Tierwelt, Ökologie. München/Wien/ Zürich: BLV

Schiedek, D. (o.J.): Bioinvasoren -ein Zuwanderungsproblem. In: G. Hempel, et al.: Faszination Meeresforschung. Ein ökologisches Lesebuch. Bremen: H.M. Hauschild: 369 - 374

Schiel, S. , B. Niehoff (o.J.): Licht im Meer. In: G. Hempel, et al.: Faszination Meeresforschung. Ein ökologisches Lesebuch. Bremen: H.M. Hauschild: 22 - 23

Sommer, U. (2005[2]): Biologische Meereskunde. Berlin/Heidelberg/New York: Springer

Tardent, P. (2005[3]): Meeresbiologie. Eine Einführung. Stuttgart: Georg Thieme

Pdf-Dateien:

Carter, R.(2007): The myth of dangerous human-caused climate change. Brisbane: The AusIMM New Leaders' Conference

Centeno, C. (2002): Effects of recent warming events on coral reef communities of Costa Rica (Central America). Bremen: University of Bremen

o. Verf. (2009): Klimawandel und marine Ökosysteme. Meeresschutz ist Klimaschutz. Dressau-Roßlau: Umweltbundesamt

o. Verf. (2009): The Coral Triangle and climate change. Ecosystems, people and societies at risk. Sydney: WWF Australia

Internetquellen:

Kasang, D. (2008): ENSO-wetterlage, in: http://wiki.bildungsserver.de/klimawandel/index.php/ Datei:ENSO-wetterlage.jpg, Zugriff am 2.11.11

Ramp, S. , et. al (o.J.): Sea level off Calofornia: Rising or falling?, in: http://www.cencoos.org/ sections/news/sea_level.shtml, Zugriff am 2.11.11

(o.Verf) (o.J.): A message about „coral bleaching" from RSDS marketing manager: http://www. redseadivingsafari.com/index.php?n_id=134&inc=news, Zugriff am 2.11.11

Spiegel online (2010): Biologen züchten Ersatzteile für Korallen, in: http://www.spiegel.de/ wissenschaft/natur/0,1518,704280,00.html, Zugriff am 1.11.11

Spiegel online (2010): Forscher legen Korallen in den Tiefkühlschrank, in: http://www.spiegel. de/wissenschaft/natur/0,1518,712654,00.html, Zugriff am 1.11.11

Trenberth, K. et al. (2007): FAQ 3.3 Has there been a Change in Extreme Events like Heat Waves, Droughts, Floods and Hurricanes? http://www.ipcc.ch/publications_and_data/ar4/wg1/ en/faq-3-3.html, Zugriff am 2.11.11